Lichtreflexion und der Beobachter

Peter D. Geldart
Mitglied, RASC

Aus dem Englischen übersetzt mit Google Übersetzer

Lichtreflexion und der Beobachter

Peter D. Geldart
Mitglied, RASC
geldartp@gmail.com

ca. 3.500 Wörter
10 x 15 cm
32 Seiten

Arial 8
Courier New 14, 18
Times New Roman 10, 11

Aus dem Englischen übersetzt mit Google Übersetzer

2025

Petra Books
MBO Coworking
78 George Street, Suite 204
Ottawa ON K1N 5W1 Kanada

Cover: Ein zunehmender Mond scheint über den Ontariosee.
  Blick Richtung Südwesten von Prince Edward County,
  Ontario, Kanada, am 18. August 2013 um 4:30 Uhr.
  Beschnitten. (Autorenfoto)

Eine gekürzte Fassung erschien erstmals in:
Reflector, v76, n3, p11, 06 / 2024, The Astronomical League
und
Amateur Astronomy Magazine, Ausgabe 123, p48, 2024.

Zusammenfassung

Eine unserer allgegenwärtigen Bedingungen ist das Eintauchen in Strahlung. Was wir jedoch sehen, ist auf das visuelle Spektrum, eine Empfindlichkeit von etwa einer Zehntelsekunde und unsere Position beschränkt. Diese Einschränkungen stellen keine Einschränkungen dar, sondern bieten einen Rahmen, in dem wir uns in der Welt bewegen, sie untersuchen und über sie nachdenken können. Der Autor betrachtet die selbstverständlichen Phänomene von Mondlicht auf Wasser und Sonnenlicht auf Schnee, um zu zeigen, wie entscheidend unsere Position ist: Wenn wir uns bewegen, folgen uns helle Spiegelungen über dem diffusen Hintergrund.

Einführung

Ich interessiere mich für das Licht um uns herum und dafür, wie meine Position entscheidend dazu beiträgt, was ich sehe. Ich beschäftige mich nicht übermäßig mit Mikrophysik oder Psychologie, sondern mit meiner Einbettung in die physische Welt: Ich nehme meine Umgebung von Moment zu Moment durch Lichtsplitter wahr, die in einem Kontinuum aneinandergereiht sind, das ich auf der Grundlage von Erfahrung, Intuition und Vernunft begreife.[1] Wenn ich mich bewege, verändert sich meine Perspektive, mein Blick auf helle oder schattige Oberflächen und die Überlappung von Objekten. Von der gesamten elektromagnetischen Strahlung, die ein allwissendes Wesen wahrnehmen könnte, sehen wir nur einen Teil. Doch diese subjektive Perspektive bietet eine Klarheit, die es uns ermöglicht, Formen, Ausblicke und die Sterne zu erkennen. Sie ermöglicht uns Wissenschaft und Philosophie (zugegebenermaßen erst seit

---

1 Ohne Erfahrung kann ein Kleinkind seine Umgebung optisch nicht erfassen, ebenso wie ein Astronaut, der gerade auf einem fremden Planeten, selbst dem Mond, angekommen ist, große Schwierigkeiten hätte, Formen und Entfernungen einzuschätzen.

etwa vier Jahrtausenden). Ich erinnere mich an den Roman „Contact" von Carl Sagan[2] In diesem, um es anders auszudrücken, erklärt ein hochentwickelter Außerirdischer den Menschen, dass sie eine interessante Spezies seien, aber noch einige Millionen Jahre zur Reife bräuchten.

Dieser Essay ist Teil meines Versuchs, die Perspektive des Beobachters im Großen und Ganzen zu verstehen. Durch die gekrümmte Linse meines Auges sehe ich das Licht, das mich direkt oder durch mein peripheres Sehen erreichen kann. Es ist nur ein Teil dessen, was ständig in der Umgebung reflektiert und wiederreflektiert wird.

---

2 „Contact" ist ein Roman von Carl Sagan. New York: Simon and Schuster. (1985)
https://en.wikipedia.org/wiki/Carl_Sagan

Es ist ein umfangreiches Strahlungsgemisch, das die Wechselwirkung von Billionen von Photonen und Elektronen beinhaltet.[3] Dennoch kann ich einzelne Kanten und komplexe Bewegungen bei unterschiedlichen Geschwindigkeiten und Entfernungen erkennen, ganz zu schweigen von subtilen Farbtönen und Texturen sowie – mithilfe von Instrumenten – Details auf der Mondoberfläche und entfernte astronomische Phänomene.

All dies wirft eine existenzielle Frage auf. Es könnte eine seltene Kombination von Faktoren sein, dass wir uns als intelligente, sehende Wesen auf einem Planeten entwickelt

---

3 Unsere Atmosphäre wird hauptsächlich vom sichtbaren Licht (etwa 400–700 Nanometer) sowie einigen längeren Infrarot-, Mikrowellen- und Radiowellenlängen durchdrungen. Unsere Augen haben sich so entwickelt, dass sie das sogenannte visuelle Spektrum nutzen, da es zum Überleben gerade ausreicht. http://hyperphysics.phy-astr.gsu.edu/hbase/ems1.html

Die Begriffe Photon und Elektron sind lediglich praktische Ausdrücke: „Wirf einen Stein in ruhiges Wasser: Die Wasserpartikel steigen einfach auf und fallen wieder. Es sind die Störungen durch elektromagnetische Quellen (Anregungen fluktuierender Amplituden und Frequenzen durch virtuelle Teilchen), die sich mit Lichtgeschwindigkeit bewegen, nicht Photonen." – Rodney Bartlett, Australian National University. https://core.ac.uk/download/pdf/186330043.pdf#page=6

haben, der oft Tag und Nacht einen klaren Himmel hat. Dies ermöglicht es uns, eine Wissenschaft und Philosophie zu betreiben, die extrovertiert ist, d. h., sie kann einen Großteil des Planeten und des Kosmos erfassen – im Gegensatz, so könnte man sich das vorstellen, zu intelligenten Wesen auf verhüllten Wasser- oder Gaswelten.

Ich werde die Beispiele von Mondlicht auf Wasser und Sonnenlicht auf Schnee verwenden, um Folgendes zu betrachten:

– die Physik der Lichtreflexion in der Natur

und

– die Bedeutung des Beobachterstandorts.

Abbildung 1. Ein zunehmender Mond scheint über den Ontariosee. Blick Richtung Südwesten von Prince Edward County, Ontario, Kanada, am 18. August 2013 um 4:30 Uhr (Foto des Autors).

Mondlicht auf dem Wasser

Stellen Sie sich vor, Sie stehen am Strand eines großen Sees und blicken nach Süden (in meinem Fall auf die Nordhalbkugel), ohne dass ein fernes Ufer zu sehen ist. Der Mond steht etwa auf halber Höhe und wirft einen glitzernden Streifen auf das Wasser, dessen Zentrum deutlich auf den Betrachter gerichtet ist (Abbildung 1).

Die Reflexion ist in einer Linie zum Horizont unterhalb des Mondes dichter und wird an den Rändern dünner, bis nur noch dunkles Wasser zu sehen ist. Manche Funken sind kurzzeitig heller als andere, und alle paar Sekunden ist ein weit entferntes Flackern im umgebenden Wasser zu sehen. Der glitzernde Streifen entsteht durch das Licht von Wassermolekülen, die in einem bestimmten Moment ähnlich ausgerichtet sind, sodass die auf die Atome einfallenden Strahlen Strahlen in meine Richtung erzeugen. Genauer gesagt sehe ich das Licht der Atome, die für einen Moment Photonen in meine Richtung emittieren; deren Rolle übernehmen dann andere.

Das schimmernde Mondlicht auf dem Wasser ist das Ergebnis vieler kaskadierender Reflexionen. Feynman (1963) verwendet den Ausdruck „die Summe aller Intensitäten":

„In einer Lichtquelle strahlt zunächst ein Atom, dann ein anderes und so weiter. Wir haben gerade gesehen, dass Atome eine Wellenfolge nur etwa 10^{-8} Sekunden [10 Nanosekunden] lang ausstrahlen; danach hat wahrscheinlich ein Atom die Führung übernommen, dann übernimmt ein anderes Atom und so weiter … Mit dem Auge, dessen Mittelwertbildungszeit Zehntelsekunden beträgt, ist es jedenfalls unmöglich, eine Interferenz zwischen zwei verschiedenen gewöhnlichen Quellen zu erkennen … Daher sehen wir unter vielen Umständen die Auswirkungen der Interferenz nicht, sondern nur eine kollektive Gesamtintensität, die der Summe aller Intensitäten entspricht." (Feynman, Bd. I, 32-4)

Das erklärt, warum ich eine Gestalt von Funken entlang einer Linie zum Horizont sehe (die Entfernung beträgt etwa 5 km). Wenn ich 100 m zur Seite gehe, betrete ich einen Bereich, in dem Licht, das in einem ähnlichen Winkel aus einem anderen Wasserbereich austritt, den mondbeschienenen Streifen erneut meinem Auge zuführt. Das schimmernde Licht ist mir gefolgt. Da die Wassermoleküle ständig wellenförmig sind, gibt es viele Atome, die mir von Moment zu Moment Photonen senden können. In der Ferne ist die Linie auf den azimutalen Punkt am Horizont unterhalb des Mondes fixiert und dann auf mich am Ufer. (Vorübergehend kann ich den Mond als feststehend betrachten, obwohl er ostwärts kreist und ich mich auf der relativ schneller ostwärts rotierenden Erde befinde.)

Ein anderer Beobachter, z. B. 1 km von mir entfernt, wird von einem mondbeschienenen Streifen erfasst. Beobachter am Strand sehen, wo immer sie sich befinden, eine ähnliche Erscheinung (Abbildung 2), das bedeutet, dass die gesamte Wasseroberfläche das reflektieren muss, was jeder Beobachter als helleres Licht wahrnimmt.

Stellen Sie sich einen kilometerlangen Strandabschnitt vor, an dem alle 10 Meter ein Pfosten steht, auf dem eine auf den See gerichtete Kamera steht. Betrachtet man alle Bilder, stellt man fest, dass ein Großteil der Seeoberfläche das strahlende und funkelnde Mondlicht zeigt. Die Verschlusszeit der Kamera beträgt etwa 1/100 Sekunde, also eine Million Mal länger als Feynmans 1/100.000.000 Sekunde. Daher hat die Kamera in dieser Zeit sehr viele Photonen empfangen. Das Bild ähnelt dem, was das menschliche Auge sieht: ein leuchtender Streifen auf dem Wasser. Könnten wir die Szene mit einer Verschlusszeit von 10 Nanosekunden aufzeichnen, würden nur wenige Photonen durchgelassen, nur jene von Atomen auf dem See, die so ausgerichtet sind, dass sie in diesem Moment einen Strahl zur Kamera aussenden. So würde nur ein „Moment" der

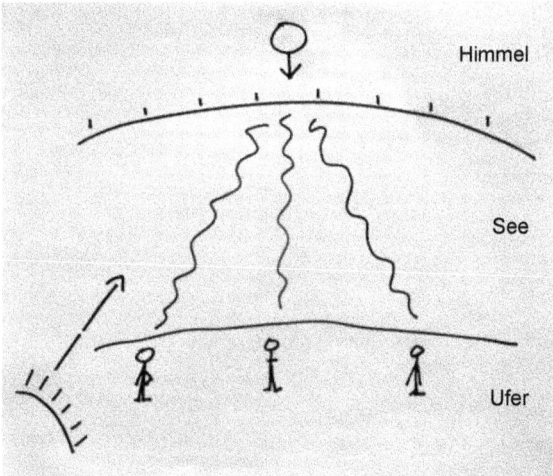

Abbildung 2. Das Mondlicht strahlt annähernd parallel auf die Nachtseite der Erde und auf den gesamten See. Jeder Beobachter sieht einen eigenen hellen Pfad zum Mond, genau wie in Abbildung 1 dargestellt. (Autorenskizze).

Szene festgehalten. Dann würde das aufgezeichnete Bild nur eine Handvoll glitzernder Punkte auf dem Wasser zeigen und keine zusammenhängende Linie – ähnlich wie Schneekristalle auf einem Schneefeld.

Was ist Reflexion?

Unsere natürliche Umgebung wird fast
vollständig von reflektiertem Sonnenlicht
erhellt, obwohl das Wort „reflektiert"
vereinfachend klingt (ich werde es aber trotzdem
verwenden). Wir sehen das Ergebnis von
Billionen von Wechselwirkungen zwischen
Photonen und Elektronen. Dies ist das Gebiet
der Quantenelektrodynamik (QED), „der
Theorie, die die Wechselwirkungen von
Photonen mit geladenen Teilchen, insbesondere
Elektronen, beschreibt" (Stetz, 2007).

Laut Feynman (1963, 1979) und anderen
Wissenschaftlern auf diesem Gebiet treffen
Lichtwellen auf eine Oberfläche und geben
Energie an die Elektronen des Materials ab,
wodurch diese „wackeln" und neue Photonen
emittieren.[4]

---

4 Ein Strahlungsstrahl trifft auf ein Atom und versetzt die
  Ladungen (Elektronen) im Atom in Bewegung. Die
  bewegten Elektronen strahlen wiederum in verschiedene
  Richtungen. – Richard Feynman, Feynman-Vorlesungen
  über Physik 1961–1963. Band I, Abb. 32-2.
  https://www.feynmanlectures.caltech.edu/I_32.html

...

Steinhardt (2004) definiert Licht wie folgt:

„Licht kann man sich am besten als eine Welle vorstellen, die nur in Quanten emittiert oder absorbiert werden kann, dazwischen aber eine Welle ist. Es bewegt sich wie eine Welle, beugt sich wie eine Welle, krümmt sich wie eine Welle und interferiert wie eine Welle. Es wird jedoch nicht wie eine Welle emittiert und absorbiert, sondern wie ein Teilchen. Dies ist der berühmte Welle-Teilchen-Dualismus der Quantenmechanik." (Steinhardt, 2004, S. 13)

… „Ein Strahl trifft auf ein Atom und versetzt die Ladungen (Elektronen) im Atom in Bewegung. Die bewegten Elektronen strahlen wiederum in verschiedene Richtungen." – Richard Feynman, The Feynman Lectures on Physics 1961–1963. Band III 1-1.
https://www.feynmanlectures.caltech.edu/III_01.html

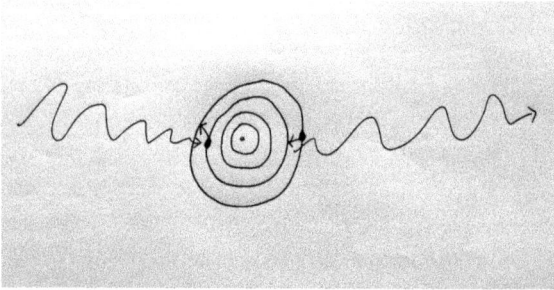

Abbildung 3. Die Reflexion von Licht an einer Oberfläche lässt sich wie folgt beschreiben: Ein Photon (L) trifft auf ein Atom an der Oberfläche eines Objekts und regt ein Elektron an, sich auf eine höhere „Umlaufbahn" zu bewegen. Wird diese instabil, sinkt ein Elektron in die niedrigere Umlaufbahn ab oder ein anderes füllt die Lücke, und ein Photon wird erzeugt (R). (Autorenskizze).

Man könnte sagen, dass das auf ein Atom treffende Licht ein Elektron dazu veranlasst, sich auf eine höhere Umlaufbahn um den Atomkern zu bewegen. (Abbildung 3) Das Atom ist nun instabil, und in einem zufälligen Moment sinkt das Elektron auf eine niedrigere Umlaufbahn ab, wobei ein Photon emittiert wird (Polkinghorne, 2002), oder ein nahegelegenes freies Elektron füllt sofort das Loch mit einem ähnlichen Ergebnis.

Snellius' Gesetz [5] besagt, dass der Emissionswinkel des Lichts dem Einfallswinkel entsprechen muss.

Diese Beschreibung basiert auf einem „Planetenmodell", das zu Beginn des 20. Jahrhunderts von Rutherford entwickelt wurde. [6] und Bohr [7].

Die Modelle, die seitdem entwickelt wurden, gehen jedoch davon aus, dass Elektronen in einer Wahrscheinlichkeitswolke

---

5 Willebrord Snellius (1580–1626), ein niederländischer Astronom, dessen Werk von antiken Philosophen vorweggenommen wurde und Descartes, Fermat, Huygens, Maxwell und andere beeinflusste. Das Snellsche Strahlungsgesetz definiert die Beziehung zwischen Einfallswinkel und Brechungswinkel beim Durchgang von Licht durch verschiedene Medien. https://en.wikipedia.org/wiki/Snell's_law

6 Ernest Rutherford (1871–1937), ein in Neuseeland geborener Physiker, der an den Universitäten McGill, Manchester und Cambridge arbeitete. https://www.nobelprize.org/prizes/chemistry/1908/rutherford/biographical

7 Niels Bohr (1885–1962), ein dänischer Physiker, der mit Rutherford in Manchester arbeitete und an der Universität Kopenhagen lehrte. https://www.nobelprize.org/prizes/physics/1922/bohr/biographical

um den Atomkern herum existieren, in der ihre Positionen unbestimmt sind, „… wie Bienen, die um einen Bienenstock herumschwirren, sich aber zu schnell bewegen, um deutlich sehen zu können." [8]

8 Philip Ball (1962–), Die Elemente. Eine sehr kurze Einführung. (S. 78). Oxford: Oxford University Press. https://en.wikipedia.org/wiki/Philip_Ball

Diffus und spiegelnd

In der Natur sind wir meist von diffusen Reflexionen umgeben, die Farben und subtile Schattierungen aufweisen. Gelegentlich sehen wir jedoch auch weiße spiegelnde Reflexionen: das Glitzern von Sonne oder Mond auf dem Wasser, das Schimmern eines Spinnennetzes oder eines glatten Felsens. Im Anthropozän gibt es natürlich zahlreiche Beispiele für spiegelnde Reflexionen von künstlichen Objekten im Innen- und Außenbereich.

Stellen Sie sich vor, Sie blicken aus der Vogelperspektive hoch über dem See zurück zum Strand, während die Sonne tief steht. Licht fällt gleichmäßig auf die gesamte Erdoberfläche und die Seeoberfläche. Da das Licht in einem flachen Winkel auf das Wasser trifft, könnten wir sagen, dass es Elektronen dazu veranlasst, Photonen eher nach vorne zum Strand hin als in andere Richtungen zu emittieren. Von jedem Punkt des Ufers aus betrachtet, erscheint das Wasser größtenteils blaugrün (diffuse Reflexion von Himmel und Umgebung), außer in einer Linie zur Sonne, die auffallend weiß (spiegelnd) erscheint. Sowohl das gestreute blaugrüne Licht als auch das glitzernde Licht werden gleichzeitig vom selben Wasser für verschiedene Beobachter emittiert. Oder anders ausgedrückt: Eine Person sieht eine glitzernde Linie, eine andere (sagen wir 100 m entfernt) sieht „normales", diffuses blaugrünes Wasser, und diese Person kann ihre eigene glitzernde Linie woanders sehen. Der Punkt ist, dass der Beobachter gezwungen ist, eine spiegelnde Reflexion in einer Linie auf dem Wasser zu sehen, die von ihm zur Sonne verläuft.

Hier befinde ich mich in einem kleinen Boot auf einem See und blicke in Richtung der tiefstehenden Sonne (Abbildung 4). Ich sehe eine Linie glitzernden Wassers in Richtung Sonne; diese Anordnungen von Atomen müssen aus meiner Sicht mehr oder weniger horizontal sein. Außerdem sehe ich gelegentlich ein Flackern neben mir und manchmal hinter mir von Atomen, die kurzzeitig Strahlen in meine Augen senden.

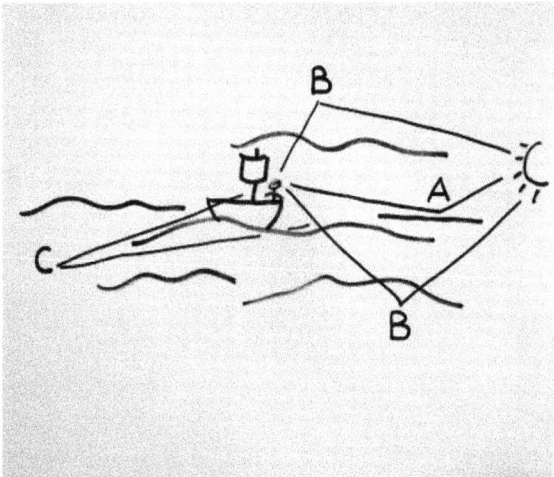

Abbildung 4. Mit der Sonne vor mir (rechts) sehe ich bei (A) eine Linie aus spiegelndem Licht, die auf die Quelle ausgerichtet ist, sowie gelegentliches Funkeln an den Seiten (B) und manchmal von hinten (C). (Skizze des Autors).

Sonnenlicht auf Schnee

Spiegelnde Reflexionen sind auch auf einem Schneefeld sichtbar. Blickt man der Sonne zu, sieht man zahlreiche winzige Funken, die über das Feld verstreut sind, vielleicht tausend auf einer Fläche von 10 m². Sie verschwinden und erscheinen wieder, wenn ich mich bewege. Das ist sehr präzise: Wenn ich meinen Kopf (nicht mein Auge) so wenig wie möglich bewege, verändert sich das Muster der hellen Flecken, nicht nebeneinander, sondern an anderen Stellen des Feldes. Blickt man zur Sonne, sieht man mehr Funken als seitlich oder nach hinten, wo ich etwa die Hälfte sehe. Das einfallende Sonnenlicht (einschließlich des reflektierten Lichts aus der Umgebung) regt Elektronen in den Atomen der Schneeoberfläche über das gesamte Feld an, sodass sie Wellenlängen in der Farbe des Schnees diffus emittieren. Gleichzeitig induziert dieser Prozess die Emission von hellweißem Licht mit vollem Spektrum von Atomen, die zufällig Photonen in einem Winkel emittieren, den ich nur sehe, wenn ich mich in einer bestimmten Position zum Schneekristall befinde. Oft bricht das weiße Licht auseinander, und einzelne Farben sind sichtbar. Andere Beobachter in der Nähe sehen unterschiedliche Muster heller Flecken über dem Feld.

Auf Schnee sehe ich diese spiegelnden Effekte bis zu einer Entfernung von etwa zehn Metern, während sie bei Mondlicht auf Wasser einige Kilometer betragen. Der leuchtende Streifen auf dem Wasser bewegt sich ständig mit mir, da eine große Anzahl von Wassermolekülen vorhanden ist, die das Licht kohärent zu mir reflektieren. Die Atome drängen sich, und immer gibt es ein Atom, das den Platz eines anderen einnimmt, das gerade Licht in mein Auge gesandt hat und dies nun nicht mehr tut. Sie übernehmen die Rolle der Schneekristalle, oder anders ausgedrückt: Das Schneefeld ist wie eine eingefrorene Nanosekunde des Glitzerns auf dem Wasser.

Die Perspektive des Beobachters

Es gibt weitere Szenarien, die den subjektiven Charakter der Beobachtung unterstreichen. An einem Wintertag in nördlichen Regionen werfen kahle Laubbäume lange Schatten auf den Schnee, die sich links und rechts von mir fächerartig ausbreiten, da ich der Sonne zugewandt bin (Abbildung 5). Drehe ich mich in die andere Richtung und sehe mit der Sonne im Rücken die langen Schatten der Bäume, die bis zu einem Fluchtpunkt am Horizont direkt vor mir reichen. Dies muss eine Illusion sein, denn auf vertikalen Luftaufnahmen verlaufen die Schatten der Baumgruppen parallel. Am Boden, wo ich stehe, entsteht jedoch der Eindruck, ich befinde mich im Zentrum einer riesigen Linse.

Ein weiteres Beispiel, ähnlich dem Glitzern im Schnee: Wenn ich mit dem Gesicht zur Sonne auf einer Asphaltstraße gehe, sehe ich etwa 10 % der Oberfläche als glitzernde Punkte (das Muster verändert sich, während ich mich bewege) und den Rest als diffuses, mattes Schwarz. Wir interpretieren die schwarze Farbe der Straße als ihre Eigenfarbe, aber wenn wir

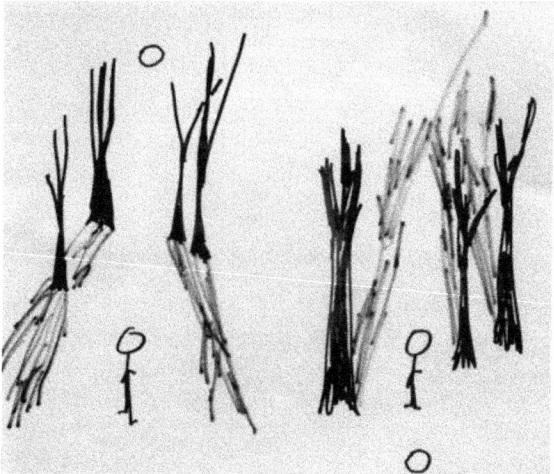

Abbildung 5. Wenn ich der Sonne zugewandt bin (links), breiten sich die Schatten der Bäume seitlich zu mir aus und laufen zu einem Fluchtpunkt am Horizont zusammen, wenn ich mich umdrehe und in die andere Richtung schaue (rechts). (Skizze des Autors).

glitzernde Punkte sehen, interpretieren wir diese als von weit her kommend (z. B. von der Sonne)[9], obwohl alle Photonen aus den Atomen

---

9 Ludwig Wittgenstein (1889–1951) weist in seinen Aufzeichnungen von 1950-1951 darauf hin: „Wenn der Eindruck als transparent wahrgenommen wird, wird das Weiß, das wir sehen, einfach nicht als das Weiß des Körpers interpretiert." In Remarks on Colour (S. 35, Punkt 140) G.E.M. Anscombe (Hrsg.). Oxford: Basil Blackwell (1977). https://en.wikipedia.org/wiki/Remarks_on_Colour

des Asphalts stammen.

Noch einmal: Neben einem Bach sehe ich die Sonnenkugel im Wasser reflektiert, ein Bild, das mir folgt, während ich mich weiterbewege, eine Art verdichtete Version des Lichtstreifens auf dem See. Ich könnte viele Kilometer gehen (wenn es ein langer, gerader Bach wäre) und würde neben mir dieselbe Kugel sehen.

Zurück am Strand bewege ich mich beim Gehen in Bereiche, die durch das diffus reflektierte und wiederreflektierte Licht leicht unterschiedlich beleuchtet sind (das Ufer der Bucht, die Bäume in der Ferne, das Wasser, der Himmel). Das Licht der Szene an meinem gegenwärtigen Standort ist leicht anders als an meinem vorherigen Standort. Es gäbe Tausende von Szenen, in die ich beim Gehen hineintrete. Lassen Sie die glitzernde Linie auf dem Wasser ein kleines Boot überlappen, das in Ufernähe vor Anker liegt. Wenn ich mich 100 m den Strand entlang bewege, ist das Boot natürlich noch dort, wo es war, es befindet sich nun jedoch außerhalb der spiegelnden Reflexion, die sich mit mir mitbewegt hat, und außerdem hat sich das Licht der gesamten Szene vor mir leicht verändert: Es gibt keinen „festen" Strahlungshintergrund, nur eine feste physikalische Welt aus Objekten, Oberflächen, Wasser und Atmosphäre.

Abbildung 6. „Un missionnaire du Moyen Âge raconte qu'il avait trouvé le point où le ciel et la Terre se touchent…" [Auslassungspunkte im Original] Illustration in L'atmosphère météorologie populaire von Camille Flammarion. S.163. Paris: Librairie Hachette et cie. (1888). Online unter https://archive.org/details/McGillLibrary-125043-2586/page/n175 und gemeinfrei unter https://commons.wikimedia.org/wiki/ Datei: Flammarion.jpg

Abschluss

Ich habe einige Aspekte der Physik der Lichtreflexion diskutiert und festgestellt, dass Licht nicht von Objekten „abprallt", sondern von den Atomen des Materials absorbiert wird und neues Licht emittiert wird. Meine Position ist entscheidend: Die spiegelnde Reflexion richtet sich auf die Quelle aus und bewegt sich mit mir über dem diffusen Hintergrund. Sowohl spiegelnde als auch diffuse Reflexionen werden von getrennten Beobachtern gleichzeitig von denselben Atomen beobachtet. Wie ist das möglich? Die Quantenmechanik mag einige Antworten liefern, aber wie alle Paradigmen wird sie eines Tages überholt sein. Ich erinnere mich an Newtons Kieselsteine[10] und Flammarions Kupferstich (Abbildung 6),

---

10 „Ich scheine nur wie ein Junge gewesen zu sein, der am Meeresufer spielt und sich damit vergnügt, ab und zu einen glatteren Kieselstein oder eine schönere Muschel als gewöhnlich zu finden, während der große Ozean der Wahrheit völlig unentdeckt vor mir liegt." – Isaac Newton (1642–1727), Fitzwilliam Museum, Universität Cambridge. https://fitzmuseum.cam.ac.uk/objects-and-artworks/highlights/context/stories-and-histories/sir-isaac-newton

Allegorien, die darauf schließen lassen, dass es immer mehr zu erfahren gibt.

Die Beispiele in diesem Essay – und es könnten ebenso gut die Sonne auf dem Wasser oder das Mondlicht auf dem Schnee sein – legen nahe, dass sich jeder von uns in einer optischen und psychologischen Blase befindet, mit der wir durch Erfahrung zu leben gelernt haben und mit großer Geschicklichkeit unsere bewegte Umgebung und ferne Ausblicke wahrnehmen. Der entscheidende Faktor ist, dass wir von Moment zu Moment nur Lichtstreifen sehen, ein Rahmen, der es uns erlaubt, die Welt zu untersuchen und über sie zu spekulieren.

Verweise

Feynman, R. (1963). Die Feynman-Vorlesungen über Physik 1961–1963. Band I, S. 26–3, 32–2, 32–4; Band III, S. 1–1, 32–2. Michael A. Gottlieb und Rudolf Pfeiffer (Hrsg.) Pasadena: California Institute of Technology. https://www.feynmanlectures.caltech.edu

Feynman, R. (1979). Die Douglas Robb Memorial Lectures, Universität Auckland, Neuseeland. http://www.vega.org.uk/video/subseries/8

Polkinghorne, J. (2002) Quantentheorie: Eine sehr kurze Einführung. (S. 11–13). Oxford: Oxford University Press. https://en.wikipedia.org/wiki/John_Polkinghorne

Steinhardt, P. (2004) 10. Licht- und Quantenphysik (S. 13). Princeton University, Department of Physics. https://phy.princeton.edu/people/paul-j-steinhardt

Stetz, A.W. (2007) Eine sehr kurze Einführung in die Quantenfeldtheorie. (S. 5). https://sites.science.oregonstate.edu/~stetza/COURSES/ph654/ShortBook.pdf#page=5

www.ingramcontent.com/pod-product-compliance
Lightning Source LLC
Chambersburg PA
CBHW052125030426

42335CB00025B/3121